Rain Garden

雨水花园

[美] 德里克·戈德温　主编

凤凰空间　译

江苏凤凰科学技术出版社

目录

第一部分

初探
雨水花园

一、什么是雨水花园

一般而言，雨水花园是下沉式的、平底的畦，收集并处理来自屋顶、车道、人行道、停车场和街道的雨水径流。雨水花园能够模仿天然森林、草地或者草原的环境，让雨水从硬表面下渗到土壤中。

雨水花园是这样保持着我们流域环境健康的

- 通过从硬表面吸收雨水从而减少雨洪泛滥；
- 过滤油质、油脂和其他有毒物质，防止它们污染溪流、湖泊和海湾；
- 将水分渗透到地里，补充地下蓄水层；
- 提供有益的野生动物栖息地。

二、为何要建造雨水花园

太平洋西北沿岸地区覆盖着森林和大草原，降雨慢慢地渗透树枝和植被，从草团渗出，在灌满附近的水体之后开始渗入地面。由于我们一部分的环境变得更加成熟，降雨落到地面之后被管道、水道和雨水沟所收集和引导，许多的雨水径流直接被引导进入溪流或者排水系统。结果是什么？短时间内过多的水流量，所

屋顶雨水流入 →　　　　　　　　　　　　　　　　溢出 →

改良过的土壤　　　　　　原状土壤

图1 一座典型的雨水花园横剖面。(绘图: EMSWCD)

雨水花园词典

非渗透表面是让雨水或融雪水不能浸透或者渗入地表下面土壤的区域，地表包括屋顶、车道、道路、人行道及露台。一些已经被重型设备或者行人严重压缩的地表区域也可以被看作非渗透性表面，特别是在下雨时大部分的水分都会流经其表面。

携带的污染物消极地影响着我们溪流、湖泊和河口的环境健康。今天，管理雨水径流将其渗透到地里，是其中一个主动保护溪流环境的最简单的方法。雨水花园帮助我们修复环境中的自然水循环，这对确保无论是大城市还是小城镇的溪流环境生态健康至关重要。

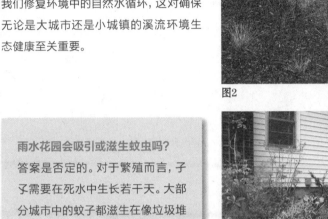

图2

雨水花园会吸引或滋生蚊虫吗？

答案是否定的。对于繁殖而言，孑孓需要在死水中生长若干天。大部分城市中的蚊子都滋生在像垃圾堆这样的地方，里面堆有旧轮胎或者废弃易拉罐。在一座精心设计的雨水花园中，几乎不可能存在长时间的死水让蚊子进行繁殖。在理想状态下，雨水花园会进行排水，因此不会存在超过48小时的死水。

图3

图4

图2　一座新建的雨水花园。

图3　一座建成的雨水花园。(by Blossom Earthworks)

图4　由于周围森林和草原的缓冲，太平洋西北沿岸地区的溪流通常不会受到太严重的污染和突水。在城市环境中，屋顶和街道的雨水通常会携带着污染因素被直接引流到溪流中，破坏水体环境，有时还会引起局部的泛滥。

/ 第二部分 /

建造
雨水花园的
步骤方法

以下步骤将帮助你评估场地特性，进而让你设计一座花园来安全而有效地收集和处理雨水，用正确的方法建造和维护，让雨水花园成为景观中有益而美观的补充。

步骤一：观察并定位选址

首先，评估水流是如何流进你的房屋的。我们建议你制作一张场地图，里面包括所有建筑物的尺寸，用箭头标注雨水落到这些建筑表面之后的流向，见图5。

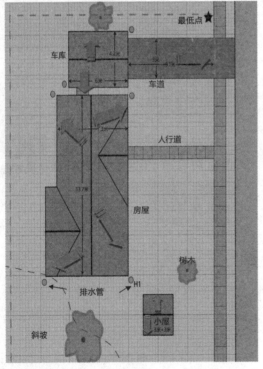

图5 房屋场地图，标识了建筑物的尺寸，以及雨水落在上面的流动范围和水流方向。（绘图：EMSWCD）

1. 逛逛院子，标注任何明显的斜坡或低洼地。
2. 把可能有水渗漏到邻居院子或者公共建筑的位置标注出来。
3. 为拟建的雨水花园选址，让雨水流入花园的区域高于雨水自然流出花园的区域。
4. 在附近找一片区域，以备雨水花园泛滥时可以吸收水流，或者安全地将水引流到合格的雨水收集点（例如一条街边排水沟或雨水道）。

决定雨水花园的面积

接下来，决定在雨水花园的管理中使用哪一种非渗透表面。测量非渗透表面材料的宽度和长度，并铺排层层叠加，达到雨水花园的面积。见图6，落在红框内屋顶上的雨水流入H1排水管并被引流向雨水花园。

表面宽度 × 表面长度 = 区域面积（平方米）

举例：排到排水管H1的屋顶区域为9.1米 × 3.6米 = 32.76平方米

步骤二：决定雨水花园的具体位置

跟着水流走

建造雨水花园最简便的地方就是靠近一条排水管。如果你只想建造一座雨水花园，考虑使用排水管收集尽可能多的屋顶雨水。如有必要，你可以用几条排水管将雨水引流到一个地方，也可以重新布置水槽，将排水管移到一处更加合适的地点。

！注意：雨水花园**不应**建造在整个雨季都潮湿的地方，因为这些地方都是一些排水不良的土壤。

顺应水流

雨水花园的设计必须遵循收集和处理所处区域的雨水，并把大暴雨期间过渡泛滥的雨水排到区域外，同时不损坏房屋结构和其他建筑。

！注意： 为了避免后续建筑的坍塌和建造失败，确保雨水花园的外边缘至少是：

- 离人行道0.9米；
- 离地下室1.8米；
- 离铺设供电线和水管的区域或混凝土路面0.6米；
- 离挡土墙3米。

！注意： 为了避免地质塌方和地表浸蚀，不要把雨水花园建造在坡度大于10%的斜坡上。如果房屋周边没有适当的平坦区域而你依然想建造一座雨水花园，联系一位有执照的景观专家或者工程师进行设计转变，将雨水安全地储存并引导排出区域外而不造成损害。

让水流转向

雨水花园旨在将花园地下土壤层中的水分排出。为了确保在充分排水和处理的同时不对地下水造成污染，雨水花园不应被建造在以下区域：

- 化粪排水区域之上。当雨水花园建造在一处化粪池系统上面，确保花园和系统之间的距离至少15.2米；
- 周期性地下水位离雨水花园的底部小于0.9米的地方；（地表之下1.2到1.5米）
- 雨季期间总是潮湿的地方，例如湿地、天然泉或者渗出泉；
- 没有良好排水特性的土壤上（小于1.2厘米/小时的渗透率）或者岩床上；

- 已经被化工产品或者其他有毒物质污染的土壤；
- 毗邻树木，如果挖掘的话会影响树木根部的生长。

大暴雨期间，雨水花园会因为土壤的渗透饱和不能储存更多水分而发生雨水泛滥。应该备好特殊预防措施，将泛滥的雨水引流到安全的区域，远离建筑、陡坡和邻居的财产。你的雨水花园至少应该距离建筑红线1.5米，泛滥的雨水不应被引流到邻近的房屋，除非是一处被批准的位置，例如一条沟渠或一片沼泽地。

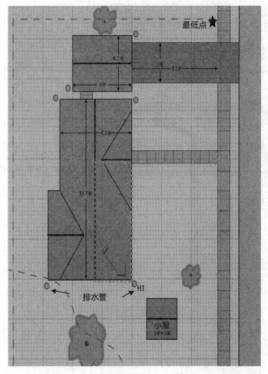

图6 房屋场地地图，标注了表面积同时标明了水流导向排水管H1的流动方向。（绘图：EMSWCD）

规则、许可及设计更改

一些城市出台了特定规则，关于分离排水管、规划排水引流线路并将雨水从建筑、陡坡和建筑红线处排出。

雨水花园在设计时会配有不渗透层、堆石壕沟以及管道，将雨水安全地引流远离建筑和厂区。这些设计将允许你将雨水花园建造的更靠近建筑、在陡坡上、在缺乏良好排水特性的土壤上，以及其他具有挑战性的地点。

斜坡测量

所需工具：

- 两条根木桩；
- 测线或细绳；
- 水平测量仪；
- 卷尺；
- 计算器。

步骤：

测量并计算场地的坡度，评估雨水流进和流出雨水花园的线路。关键是在建造雨水花园之前确保场地内斜坡的坡度小于10%。

1. 将木桩分别插在斜坡的顶部和底部用于计算测量。
2. 在两根木桩之间系上测线（或者任何有韧性的线）确保测线在坡顶的一端接触地面。利用水平测量仪确保测线是水平的。
3. 测量两根木桩之间的水平距离（沿着测线）。
4. 测量地面到坡底木桩上侧线的高度（垂直距离）。
5. 通过把数字代入以下公式计算坡度：

$$坡度 = \frac{高度}{水平距离} \times 100\%$$

!注意： 所有测量值必须使用相同的单位（例如厘米）。

举例（图7）：
高度=45.7厘米
水平距离=591.8厘米

$$\frac{45.7厘米}{591.8厘米} \times 100\% = 7.7\%$$

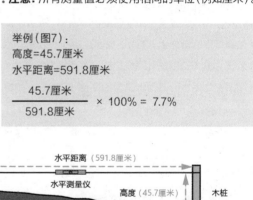

图7 场地坡度测量（绘图：EMSWCD）

　　　　　　　　　　　　　　　　　　　　雨水花园

步骤三：评估土壤

土壤的排水能力是了解选址和恰当地规划雨水花园这两项工作中，其中一个最重要的注意事项。渗透性和质地测试将帮助你确定土壤的吸水能力以及对下层土壤的渗水能力。

测试渗透性

1. 在将要建造雨水花园的区域挖掘一个测试洞，尽量把洞挖在拟建花园的中央。挖掘一个跟拟建花园一样深的洞（从地表到雨水花园的底部）。请注意在理想情况下，做这个试验的时候土壤不应该是被冻结的，另外地下水位也应该在最高位，例如春天。

2. 在洞里灌上水，水量正好差一点满。当雨水花园充满水时，这就是预想中的水深。记录从你停止灌水到水被完全排干之间的精确时间。

3. 重新往洞里灌水并重复第2步两次。第三次的测试将让你测量出土壤在饱和状态下的吸水速度，这是模拟雨季或者暴雨等一些在短时间内带来大量降水的情况。在了解和处理好这些条件之后再建造雨水花园，是一个确保不会对自己房屋或者邻居房屋造成损坏的方法。

4. 用水分下渗的距离除以水分下渗的时间。例如，水分在12小时内下渗了15.2厘米，然后15.2除以12约等于1.2厘米/小时的渗透速率。如果三次测试所得出的最慢渗透速率低于1.2厘米/小时，那你就应该再深挖7.6~15.2厘米然后重复上面的步骤。重复这一步骤一直挖到最深0.6米，或者让渗透速率最低达到1.2厘米/小时。

！注意： 在缺少有效设计调整的情况下，不适合在低于1.2厘米/小时排水量的土壤上建造雨水花园。在这种情况下应该咨询注册景观设计师或者工程师。

图8a 渗透性测试步骤1（摄影：Robert Emanuel, OSU）

图8b 渗透性测试步骤2（摄影：Robert Emanuel, OSU）

图8c 渗透性测试步骤3（摄影：Robert Emanuel, OSU）

测定土壤质地

1. 抓一小把做过渗透性测试的泥土，用手捏碎研磨并剔除任何有机杂质和较大的石块。

2. 用少量水湿润泥土，并用拇指和食指摩擦。注意水量让泥土松软即可，不要使其饱和，你的手指会感觉到泥土的黏性、粗砂质或者光滑感。粗砂质感越明显，证明泥土里含有越多砂砾；黏性越高，证明泥土里的黏土比例越高；光滑的泥土一般情况下表明这是细泥或者亚黏土。

3. 接着，重新抓一小把泥土样本，用水湿润直到泥土有足够黏性。将其揉成一个泥球放在掌心，如果泥土不能被揉成泥团，证明泥土的含沙量非常高。大多数的泥土都有最低限度的黏性可以揉成一个粗略的泥团。

4. 尝试把泥土揉成条形带状，在过程中尽量不要把泥土揉断。如果泥土很快就被揉断，则证明泥土很可能具有较高的含沙量；如果泥土很快就能被揉成条状而且不被揉断，则表明黏土含量较高。

- 如果泥土在形成2.5厘米长条状之前就断了，说明泥土含沙量高；
- 如果泥土在形成2.5~5厘米长条状时断开，说明泥土含有一定的黏质；
- 如果泥土在形成5厘米以上的条状仍没有断，可能这种土质就不适合建造雨水花园了。

图9a 进行土感测试，将湿润的土壤揉成团状，看看泥团有多容易散开，并了解泥土的质地（黏的、滑的或者多沙的）。（摄影：Gina Emanuel）

图9b 用泥条测试泥土的黏性、土质或者含沙量。泥条搓出来越细越坚韧，泥土中的黏土含量越高。（摄影：Gina Emanuel）

排水率	建议
低于每小时1.2厘米	除非有专家意见，否则不建议在此建造雨水花园
介于每小时1.2~2.5厘米之间	对雨水花园而言排水率低，屋主或许要建造一座更大更深的花园，为应对强降雨期间的雨水泛滥需作出额外准备
介于每小时2.5~3.8厘米之间	对雨水花园而言恰当的排水率，有充分的能力应对强降雨
介于每小时3.8~5厘米之间	对雨水花园而言恰当的排水率，有充分的能力应对强降雨
高于每小时5厘米	对雨水花园而言排水率高，设计时可选用更少喜水植物和更多耐旱植物。注意规划花园尺寸以达到更少的储水量、更深的土壤覆盖层或者更密集的植物种植

打造更好的土壤

建议对堆肥进行改进以提高原生植物和微生物的生长条件。如果土壤的黏土含量较高，或许需要土壤改良剂来改善植物的生存环境。黏土含量非常高同时排水率低的选址通常而言都不适合建造雨水花园，除非通过设计明显地改变过低的排水率（例如增加地下排水管以及岩层排水管）。

如果你有计划改变土质，可参考一个典型的土壤混合含量，即20%~40%的有机物质（肥料）；30%~50%的清洁粗砂；20%~30%的表土。

！注意： 不要在黏土含量很高的土壤里添加沙子。对土壤进行改变，深度通常为45.7~60.9厘米。

步骤四：决定雨水花园的尺寸

在设计雨水花园之前先与当地的规划部门、市政工程部门或者雨洪管理局商议。如果当地管理部门不能为雨水花园推荐一个适当的尺寸计算，那我们建议雨水花园的尺寸至少是花园非渗透表面排水区域的10%。理想情况下，雨水花园的深度介于15.2~60.9厘米。要应用这一深度，土壤的排水率至少要达到每小时1.2厘米。参照上表对比土壤排水率的结果，了解清楚土壤是如何影响雨水花园尺寸的。

利用在步骤一中计算得出的非渗透表面区域，再乘以0.1（或者10%），得出的结果就是雨水花园的区域面积。计算公式如下：

（表面积长度×表面积宽度）×0.1=雨水花园总区域面积

举例：9.1米×3.6米＝32.7平方米×0.1＝3.27平方米雨水花园。

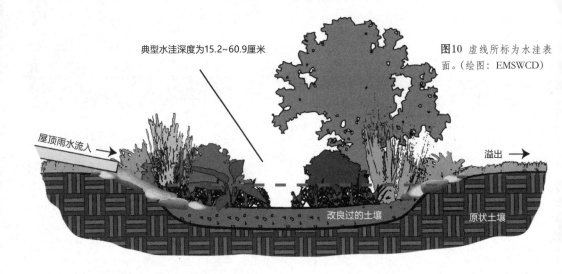

典型水洼深度为15.2~60.9厘米

图10 虚线所标为水洼表面。(绘图：EMSWCD)

屋顶雨水流入 →

溢出 →

改良过的土壤   原状土壤

非渗透面积越大，雨水花园也就越大。花园的尺寸也取决于你的可用空间，如果你没有足够空间，可以选择建造多元雨水花园或者建造一座小点的，同时准备应对更加频繁的溢出。

！注意： 雨水花园应至少宽1.5米以适应缓边坡，边坡会配植植物，使水土流失最小化。

雨水花园深度
大多数雨水花园的水洼深度为15.2~60.9厘米之间，为确保安全会额外增加5~10.1厘米的深度。这就意味着雨水花园的深度为20.3~71.1厘米。下表显示了雨水花园水洼深度在不同排水率中的变化。在花园的整体尺寸受到限制时增加深度，包括地界、建筑、植被或者其他障碍物。

！注意： 记得在决定最终深度的时候算上额外覆盖物的厚度（详见第26页"地面覆盖"）。例如，如果你要为花园增加7.6厘米深度的覆盖物，水洼深度至少要达到30.4厘米，那么你需要从地表开始往下挖38.1厘米深。

雨水花园词典：

雨水花园的尺寸指的是在水弥漫到出水点之前，花园所能容纳的水容量。水容量以水洼深度和表面积的形式（深×宽×长）表现出来。

水洼深度 是雨水溢出花园之前所形成的水洼的深度（详见图10）。测量是从雨水花园表面的最低点到花园出口的地表。一般而言，雨水花园的水洼深度介于15.2~60.9厘米之间，为了安全起见在流出口下面额外增加5~10.1厘米深度。

排水率	雨水花园水洼建议深度
每小时1.2~2.5厘米之间	30.4~60.9厘米
每小时2.5~5厘米之间	15.2~20.3厘米
每小时大于5厘米	15.2厘米

勾勒雨水花园的轮廓

利用橡胶软管、线、木桩或者标线漆，在选址上勾勒出雨水花园的范围。在挖掘之前，确保标注了任何现有输水输电设备或者植被，以防其在挖掘的过程中被毁坏。

将水引到雨水花园中

雨水花园在从房屋的非渗透表面收集雨水之前，不会对暴雨降水进行实际的管理。这就意味着你需要想办法将雨水从收集点引导至花园中，有时会通过挖水沟、铺设水槽延长器，甚至挖掘只在下雨时候才有

水的人工溪流。可以利用管道、岩石瓷砖或者其他硬面，或者两边铺设有岩石（直径1.9厘米洗涤过的岩层排水管或者豌豆大小的碎石）的小洼地（沟渠）来引导水流。如果利用管道，我们推荐直径10.1厘米的ABS管。

如果不使用铺有岩石的沟渠，水流的排放口和花园的入口应该用岩石排列镶嵌（同样是直径1.9厘米洗涤过的岩层排水管或者豌豆大小的碎石）来避免水流的侵蚀。此外，可利用10.1厘米宽的条形草坪来过滤和沉淀将要进入雨水花园的水流中的杂质沉淀物。

图11a 用橡胶软管勾勒雨水花园的边界。（摄影：Robert Emanuel，OSU）

图11b 用油漆标线。（摄影：Robert Emanuel, OSU）

图12 从排水沟把水引到花园非常简单，只需通过一条埋地式的10.1厘米排水管即可。注意排水管至少需要埋在地表以下30.4厘米的深度。（摄影：Portland Bureau of Environmental Services）

图13 用岩石铺砌的沟渠让雨水能够流经人行道。(摄影: BES)

图14 美国波特兰一栋建筑中,横穿人行道的排水沟。(摄影: Derek Godwin, OSU)

图15 一条"干枯的"河道将雨水引流进入雨水花园。(摄影: Judy Scott, OSU)

分离排水管

分离排水管在雨水花园建造中是一个重要的部分。为了避免产生安全和结构上的问题，从雨水管上分离排水管时应遵循以下安全指引：

- 不要在过于狭小的区域分离排水管，因为这会导致不能有效地排水；
- 分离后的排水管必须在离带地下室的建筑至少1.8米远的距离继续把水放干，或者离水电管槽隙或平板地基0.6米远的地方放水；
- 将水从建筑、挡土墙（至少3米距离）、化粪排水区或者地下贮槽等区域引导出来；
- 排水管的末端离邻近建筑至少1.5米远，离公共人行道至少0.9米远。不要把水引导至邻近建筑，尤其是处于陡坡上的建筑。

分离步骤：

1. 从储水管的顶部开始测量排水管的长度，在离顶部至少22.8厘米的位置标上记号。（储水管是连接排水管与地下雨水管的管道。）
2. 用钢锯在标记处对排水管进行切割，将切割下来的部分移开。
3. 将储水管的切割口塞住或者覆盖住，不要使用混凝土或者其他永久性的密封剂。
4. 在新割开的排水管上附加弯头，然后用至少两颗金属螺丝钉将弯头固定好。
5. 在测量和切割排水管时，请遵循上文的安全指引，将排水管与弯头相连，并用螺丝固定好。

6. 如果排水管没有直接与地下管道连接或者直接通向雨水花园，利用滴水砖或者砾石来防止水土流失。
7. 牢记各部件都应与下一个部件集成一体，所有部分要用螺丝固定上紧。

务必对排水系统进行维护，定期检查渗漏、下垂、破洞或者其他问题。建议每年进行一次检查，并在雨季来临前对水槽、弯头和其他连接部件内的杂物进行清理。

图16 排水管与延长部分相连接，将水流引离建筑的地基，注意螺丝。（摄影: Robert Emanuel, OSU）

应对溢出的设计

通过适当的规划，雨水花园大概能处理80%~90%落在非渗透表面上的雨水，因此需要在设计花园时考虑到极端情况。正因如此，应对雨水溢出的设计才显得至关重要。在截水沟内设置凹槽或者水管，至少比截水沟低5厘米。可将溢出的雨水引流到以下几种区域之一：

■ 住宅范围内一块平坦的区域，让雨水可以安全地被土壤吸收；

■ 另一座雨水花园；

■ 暗沟或者堆石浸润沟渠；

■ 洼地或者排水沟；

■ 在雨水花园建成之前让雨水回到本该去的地方（比如公共下水道、街道排水沟、雨水道或者地下管道和集水井）。

！注意： 对于面积较小的，或者处于多雨地区却有着低排水率土壤的花园，需要用安全的方式额外谨慎地将雨水溢流从花园中引出。

图17 停车场的路边凹口和溢流装置（管道和护屏）。（摄影：Derek Godwin, OSU）

图18 从美国俄勒冈州一座滨海雨水花园中延伸出来的PVC管道。岩石、泥土和砾石有效地减少了该区域的水土侵蚀。（摄影：Robert Emanuel, OSU）

图19 美国俄勒冈州的一座雨水花园，里面蓄满了雨水。注意顶部附近流出口处岩石的应用。（摄影：City of Gresham）

成功的关键

许可和设计变更：

- 了解你是否可以合法地建造雨水花园（你是否需要申请许可）；
- 了解分离排水管雨水引流等相关信息；
- 了解任何设计需求和设计困难。

善待树木

建议不要将雨水花园建造在大树的滴灌带脚下。建造时的挖掘将会毁坏树根，同时雨水花园所收集的水量也有可能将树根淹坏或者压倒。

最佳建造时间

为了避免土壤压实，维持土壤的渗水能力，同时将植物灌溉的需水量降到最低，建议按照以下时间表进行建造：

- 在秋、冬、春季等土壤湿润但没被冷冻的时候进行场地评估和花园设计；

- 在土壤干燥易于施工的时候进行挖掘和花园建造；
- 在秋季以及尽可能早地在来年春季进行植物种植。

步骤五：建造雨水花园

挖掘、分级及建造截水沟

将施工工具放置在花园外缘远离流入点的位置。利用工具和额外的土壤改良剂在雨水花园的一条或几条边界上根据地势勾勒出截水沟。截水沟至少需要高于花园流出口的地面5厘米。

无论是通过人工还是机器，从雨水花园的外缘开始挖掘从而使土壤压实最小化。

我们建议雨水花园截水沟的斜坡的水平长度至少为45.7厘米，垂直高度至少为15.2厘米（即3：1），或者让截水沟的两端更加平坦。如果雨水花园深30.4厘米，截水沟两端之间的斜坡则需要长91.4厘米。

图20 为了确保机器不会将土壤压紧，挖掘机被放置在雨水花园的范围之外。（摄影：Robert Emanuel, OSU）

分级

在雨水花园的规划过程中，假设花园的底部是平的，侧边部按等级分成3：1的斜坡。即使把雨水花园建在缓坡上，花园底部也应该基本上是平的，让雨水能够均匀地流出。建议使用水平测量仪、木桩和卷尺进行测量，确保总表面积和深度（储水容量）的规划符合步骤三的内容。在地表放置一条线，在上面挂上水平测量仪，然后以相同间隔测量土壤表面和线之间的距离。应该在花园的水洼处全面贯穿这一步骤（见图21）。

图21 比较简单的分级方法是利用4根木桩，1根插在流入点而另外3根插在反方向或者雨水花园的下端——最重要的是流出点。（摄影：Robert Emanuel, OSU）

在雨水花园里铺设水管

雨水花园的溢出点，无论是洼地还是管道，都应该至少位于下坡面截水沟的5厘米以下。花园入口处也类似，在该区域和管道出水口周围放置岩石、瓷砖或者其他硬质材料，使流水侵蚀降到最低。植物也可以有效减少水土流失。

用管道将雨水引进或导出花园，分级对于尽可能减少管道口水土流失是非常重要的，同时也能防止雨水倒流进入房屋或者其他建筑。其中一个好的做法是对管道进行分级，每3米水平距离下降大约2.5厘米高度。

图22 利用水平测量仪和卷尺的组合对花园的地基进行分级，使雨水不会积蓄在某个位置而是尽可能均匀地流遍整个表面。（摄影：Robert Emanuel, OSU）

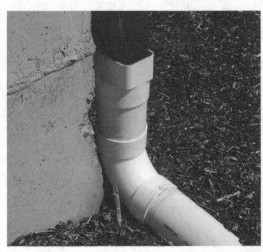

图23 直径10.1厘米的ABS雨水输水管顺利地连接着从屋顶延伸至雨水花园的排水管。（摄影：Robert Emanuel, OSU）

! **注意:** 建议任何埋地式的管线设施从排水管开始,至少铺设在土壤层以下30.4厘米的位置,同时建议地下水管用耐久材料制成,如40号ABS或者PVC管。在雨水花园中经常会见到起皱的塑料管,这些材料比较不经用,尤其是在寒冷的时节。假如流入管的埋地深度为30.4厘米,那么雨水花园的最终深度则需要在35.5~45.7厘米之间。

改良还是不改良

雨水花园依靠健康的植物和土壤来收集、清洁和过滤雨水径流。如步骤一所提,土壤可能需要被改良以确保植物和微生物的生存环境。如有可能,对现有土地进行45.7~60.9厘米的挖掘,然后对土壤的堆肥、表土层或者沙子进行改良。

图24 直径10.1厘米的ABS管将雨水从建筑表面导向雨水花园。这些水管必须以每3米水平距离下降约2.5厘米高度进行分级,让雨水既可以流进雨水花园,又不至于以太快的流速进入。(摄影: Robert Emanuel, OSU)

图25 在雨水花园的入水口铺设岩石并种植植物(图为海滨草莓)以防止流水侵蚀。(摄影: Robert Emanuel, OSU)

图26 一座雨水花园中的流出凹口,旁边的岩石可以防止水土流失。(摄影: Robert Emanuel, OSU)

步骤六：在"正确的位置"选择"正确的植物"

肥料和农药通常会导致溪流和湖泊的雨水径流污染。由于雨水花园需要对雨水径流进行处理，选择不需要化学药品施肥也能生长繁盛的植物就显得尤为重要。选择耐旱的植物，设计无需大量灌溉的花园也是一个好的做法。

种植区域及植物挑选

植物在一定条件下的耐受性各有不同，如荫蔽、多水、潮湿、低温等，在对植物进行种植维护时需要注意。雨水花园各区域的环境有所不同，有潮湿有干旱，或许还有向阳和荫蔽；因此在选择植物时应考虑植物在这些环境中的耐受性，并在适合的环境中种植适合的植物。此外，选择植物时也应考虑植物是否适应该地区的气候环境。

图27 岩石、砾石和莎草保护着雨水花园的流入口。(摄影：Chris LaBelle, OSU)

堆肥

堆肥能让土壤保持潮湿，增强微生物活性，改善土壤过滤和吸收污染物的能力，同时利用微生物对肥料进行缓慢降解以提高植物在头几年的存活率。务必使用无杂草混合肥料。

！注意： 雨水花园的植物不一定要生长在湿地或者是水生植物。相反，它们应该能耐干旱，在一段长时间内只需很少甚至不需要灌溉。

根据干湿环境可以将雨水花园划分为三个区域：潮湿、中等和干燥。请务必注意植物在潮湿、中等和干燥土壤环境中的耐受性，在坡地上或者花园的干燥区域中选择耐受性中等或者耐旱的植物。不要将根部不能适应有过分水量的植物种植在花园底部或者最潮湿的区域，以免雨季期间被淹死。

土壤类型也会影响植物和不同潮湿区域的尺寸。例如，建造在高黏土含量或者低排水土壤上的雨水花园应种植更多根部耐水的植物；而建造在含沙量高或者高排水土壤上的雨水花园则可以种植更多耐旱植物。在高排水率的雨水花园中，可以把喜湿植物种植在流入点的1~2米范围以内。

> **雨水花园词典**
> **干湿条件区域**
> - 潮湿：植物更喜欢潮湿的土壤，而在干旱土壤中的长势不佳。
> - 中等：植物在干湿土壤中的长势基本一致。
> - 干燥：植物在一年中的旱季生长的更加繁茂。

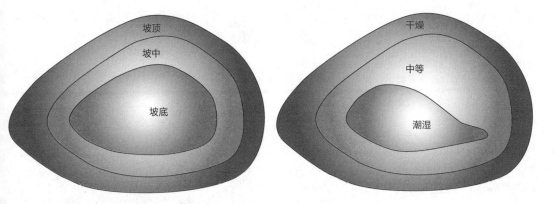

图28 种植区域显示了花园在雨水泛滥以及旱季期间时最多和最少水的区域。左图描绘了雨水花园的地形，而右图描绘了旱季期间土壤湿度的高低。(绘图: Robert Emanuel, OSU)

- 将花园灌满并观察排水情况，重复这一步骤几次将让你了解到花园哪些区域容易积水，哪些区域水排的比较快。了解这点后你就可以"在正确的位置"选择"正确的植物"；
- 参观当地的雨水花园，了解适合种植哪些植物，花园应该如何设计；
- 选择适合的植物会让雨水花园更容易维护打理，特别是一些能在恶劣环境下生长的植物，例如莎草或丛生禾草，可以种植在花园的流入口和流出口，减缓水流进入花园时的流速。在截水沟上以及其他容易发生流水侵蚀的区域种植地被植物。

！注意: 流入口附近一般是整个雨水花园最潮湿的区域，这就意味着种在这里的植物必须是最喜湿的。

图29 此横截面中的种植区域阐明了雨季期间的土壤潮湿区。(绘图: EMSWCD)

关键的植物特性

其他植物特性及植物挑选

除了耐旱性和喜水性，在雨水花园中的植物还需要注意其他的特性。要记得雨水花园可以也应该成为景观中的亮点，而不仅仅用于收集和处理雨水。其他应该注意的特性包括：

- 植物的高度和宽度是多少；
- 植物的叶子、花朵或者果实是否足够吸引人；
- 植物能否引来有益的昆虫和野生动物；
- 植物与邻近的植物和景观是否搭配；
- 季节性；
- 耐阴性；
- 温度要求。

！注意： 谨记植物是不断生长的。时刻牢记这一点，不要在花园中种植过多植物，或者植物之间种植的过于密集。注意植物成体的尺寸和所需的生存空间。

种植小秘诀

在种植的时候，如果土壤已经被改良过，确保所挖的种植坑至少有花盆那么大；如果土壤还未被改良过，则所挖的种植坑至少两倍于花盆的大小，深度不变。大多数本土和非本土植物都需要种植在等深的土壤中，就如同它们在花盆中生长一般。在种植坑底部铺上一些堆肥和土壤的混合物，剂量视情况而定，使得植物的生长环境与原有种植容器一致。

小心地从种植容器中移动植物，如果植物根部被花盆内的土壤包裹着，则用锋利的小刀轻缓而仔细地将外层土壤刮下。将植物根团慢慢下放到种植坑内，避免散落或破坏包裹着根部的土壤。如果植物根团没有被土壤包裹，则将根部严实地种植在底部堆肥和土壤上面。

用排水良好、富含堆肥的土壤将种植坑回填，如果冠部在原容器中也是裸露的则注意不要覆盖植物的冠部。确保将围绕植物的土壤压实，用缓慢的水流或者喷灌器对植物进行充分灌溉。

关于入侵物种的注释

外来入侵植物将消耗大量的人力财力对其进行控制和防治，并导致直接的经济损失。外来入侵植物在入侵的栖息地中生长繁殖，自然而然地对周围其他物种造成负面影响。

花园和园艺师是导致外来植物入侵的一大重要因素，通过消除花园中已知的入侵植物可以阻止生物入侵的发生；避免引进新的有入侵性的植物；用温和的本土植物去替换非本土的入侵植物。

地面覆盖

覆盖层对于雨水花园而言是另一个重要部分，有助于遮盖土壤，保持土壤的温度不至于过高，同时在干旱的夏季和干燥的秋季有助于提高土壤的湿度。恰当的覆盖层还有助于控制野草杂草的生长，更重要的是，覆盖层中的活性微生物可以分解雨水中的常见污染物。正因如此，我们建议在新建的雨水花园中应用覆盖层，同时对已建成花园中的覆盖层进行维护。

双重碎条针叶树皮覆盖层可能是太平洋西北沿岸地区的景观种植中最常见的了。市面上最常见的树皮是绿枞和铁杉树皮，尽管松树皮也可用于覆盖层。树皮覆盖层的规格有很多种，从细小的到中等的再到大型的树皮块都有，建议使用细小规格的树皮而不是树皮块，原因是后者在水中容易漂浮起来。我们不建议使用木屑或者碎草屑，因为这些材料会改变土壤的化学成分，影响植物健康生长所需要的土壤环境。

在雨水花园的边缘或斜坡上均匀地铺上5~7.6厘米厚的覆盖层。如果你不选择在花园的最低点使用树皮覆盖层，请选择覆盖5~7.6厘米厚的堆肥。

在花园的流入和流出区域，通常会铺设石块和砾石来减缓水流的速度，防止流水侵蚀，这也让打理和维护雨水花园变得更简单。石块和砾石是重要的设计元素，能为雨水花园增添趣味和亮点。经过流水冲刷的小卵石，是可以用在雨水花园地基上的小石块。

堆肥是可覆盖在雨水花园地基上的另一种选择，尽管堆肥不会抑制杂草、木屑或者其他废料的产生，但可以增加土壤的肥力并过滤土壤中的污染物。比较好的堆肥在大雨期间也不会被冲散浮起。根据下表对雨水花园进行堆肥。

为雨水花园进行灌溉

尽管你已经选择好并在"正确的位置"精心种植下"正确的植物"，在植物成长起来之前，需要在头一个或许加上第二个夏天旱季中，给予植物充足的水分，尤其是雨水花园在春季或者夏季建成的情况下。

如同任何水文状况一样，水在一天中最冷的时候是最稳定也是流的最慢的（可能是夜晚），灌溉机或者灌溉胶管在这种时候就非常有用了。用土壤探针或者普通棍子，测试雨水花园土壤层深于5~7.6厘米的层面是否足够潮湿。

在第一或者第二个旱季之后，取决于植物的长势和状况，可以在总体上停止人工灌溉而依靠于自然雨水。要记得，在雨水花园和景观中应用越多本土植物，在旱季期间会需要越少的额外水分补充。

覆盖层体积（立方米）	雨水花园的面积及基于花园深度的覆盖层厚度（平方米）		
	厚2.5厘米	厚5厘米	厚7.6厘米
0.7	31.4	14.6	10
1.5	62.8	29.3	20
2.2	94.2	44	31.7
3	125.6	58.7	40.1
3.8	157	73.3	50.1
4.5	188.4	88	60.2
5.3	219.8	102.7	70.2
6.1	251.2	117.4	80.2
6.8	282.6	132.1	90.3
7.6	314	146.7	100.3

图30 用砾石而非树皮进行覆盖的雨水花园。(摄影: Portland BES)

图31 砾石、岩石甚至是浮木都可以为雨水花园增添亮点。用小卵石充当覆盖层,可以在保持土壤湿度的同时将流水侵蚀最小化。(摄影: Robert Emanuel, OSU)

步骤七: 维护

除草、剪枝及覆盖

在头几年,雨水花园需要进行除草,尽量把杂草连根除去。第二年,杂草或许还不会成为问题,因为这时杂草的种类比较少,韧性也比较弱。从第三年开始,草类、莎草、灯心草、灌木、乔木和野花等开始成熟,长势会胜过大部分的野草和杂草,但有时仍需要对个别区域进行单独除草。

可以将雨水花园的植物修剪成任何你喜欢的样式——"充满野性"的花园、整齐有序的空间,或者介于两者之间的样式。对植物进行适当的修剪,以适应和搭配所追求的花园风格。

维护雨水花园中的有机覆盖层,在有需要时对其进行补充,在裸土上铺设5厘米厚的覆盖层。如果雨水花园中出现沉积物或者其他地方冲刷而来的土壤,注意需不时地对其进行清理。让雨水花园中的岩石、瓷砖或者其他硬表面保持裸露,这对减缓流入和流出口雨水的流速很重要,进而可以防止水土流失。

由于当地气候和植物选择不同,植物在夏季期间可能需要额外的水分灌溉。本土植物和耐旱植物的使用可以减少干旱期间额外的灌溉水量。

别把植物淹死

另一个需要考虑的情况就是确保种在花园基部上的植物不会在第一年冬天被淹死。植物的生长需要土壤中的空气,因此当雨水花园长时间被水浸泡,需要在地势较低一边的流出口处挖凿截水沟,并在截水沟两边增加更多的槽口。这会使雨水花园的排水速度稍微变快,为植物根部营造良好的生存环境。在第

图32 美国俄勒冈州一座新建成的雨水花园。（摄影：City of Gresham）

一年冬天之后，将额外增加的槽口堵上，让截水沟恢复正常状态。一些专家和园艺师甚至提倡在头两年植物成熟之前，将雨水引出花园，尤其是黏重土质的雨水花园。

图33 这座位于美国威拉梅特谷的雨水花园中种植了景天（紫八宝）、蜕皮莎草（蓑衣草）、新西兰莎草（苔草）、黄眼草（加利福尼亚庭菖蒲）和锦葵（锦葵属）。（摄影：Chris LaBelle, OSU）

第三部分

雨水花园
在景观中的
应用

300常春藤

- 景观建筑：Fletcher Studio

- 占地面积：2100平方米

- 地点：美国，加利福尼亚州，旧金山

- 摄影师：Bruce Damonte

1. 人行道花坛
2. 路边小径入口
3. 树坑
4. 现存的计划保留的树木
5. 自行车停放架
6. 专用人行道材料
7. 带座椅的电灯柱
8. 庭园
9. 流动式花坛
10. 可渗透铺装
11. 排水沟
12. 排水暗井
13. 电线杆
14. 公交车站可种植区
15. 前廊
16. 竹帘
17. 斜坡
18. 现有路灯旁边的树
19. 十字路口远端，没有树木
20. 十字路口处，没有树木
21. 停车摊位
22. 行人指示灯
23. 卸货区
24. 保留的沥青路面
25. 额外的抬高式人行横道

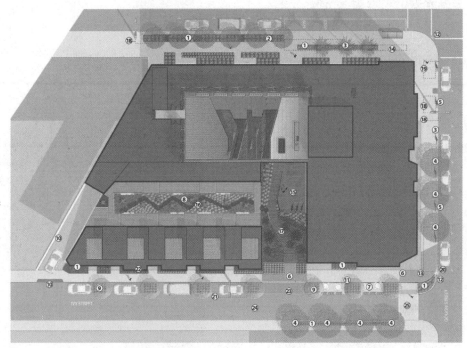

300常春藤是一个荣获LEED铂金奖的多功能设计住宅小区，位于被拆毁的旧金山中心高速公路的一处残留区域之内。该作品的景观建筑范围包括创新性的街道景观，结构化的天井、庭园，以及一座带有露天厨房的大型普罗梯亚木花园。项目包括定制家具设备的设计、砌石护坡、围墙和金属制件，以及场地康乐设施。空间设计的主要理念是其中一个"登山用具"，热闹的店面连接着精心布置的街景，交通减速护柱和减速弯道同样扩展了公共空间或者"营地"。小区的主入口是一条迎客小径，蜿蜒穿过原生花园（山脊线），并慢慢扩展成为入口广场。屋顶花园或者"顶峰"为客房带来充满生机的公共区域，包括露天厨房和小型私用园地。

项目的街景经过精心布置,以追求可持续发展和社会规划为主旨。雨水被储蓄在街道花圃里面,花圃沿着住宅的边界排列。交通减速措施沿着常春藤大街实施,减速弯道容纳街边树木的同时,调节着交通减速措施。街道景观使建筑首层的商业空间变得生机勃勃,花槽和树坑合围起来明确了行人的行进路线并形成户外就餐区。全新的灯柱位于常春藤大街和高夫大街的拐角处,外面的框架是定制的钢铁护柱。灯柱扩展了路权,以适应沿着商业区布置的永久性停放点。

街道入口处有一扇定制的钢闸坐落在人行道上，入口花园贯穿了整个公共领域。克尔顿钢制的花槽和定制的钢铁栏杆沿着玄武岩铺砌的入口小径延伸，小径穿过一片茂盛的原生景观，景观在半道从翠绿色植物转变成淡黄绿色的植物。在建筑的入口广场，定制设计的废弃红树木材桌子和长凳装饰着这一空间，定制的钢铁自行车架也巧妙地布置在广场里，以方便居民和游客使用。源自广场的材料交叉叠跨到入口大厅里，模糊了室内和室外的分界线。在首层，每一个单元前都有一个天井，里面精细地种植着竹子，呈Z字形穿过空间并在单元之间排列。玄武岩石材被磨碎滚花，在地平面上铺砌出精致而随意的花纹。竹屏风在入口小径处插入原生花园，将绿色的本土和非本土植物与淡黄绿色的植物分隔开来。入口处的最后一个屏状物是由当地工匠打造的柳木板栅栏，充当公共道路和私人天井之间的多纹理屏风。

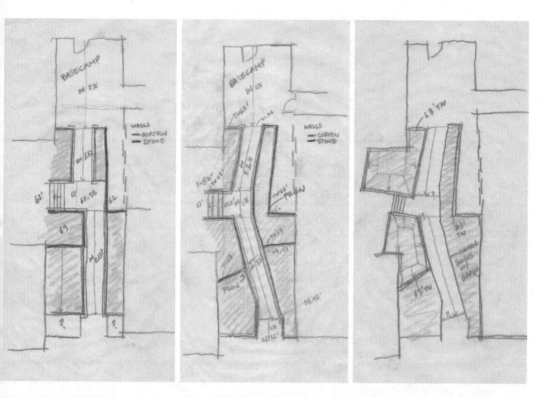

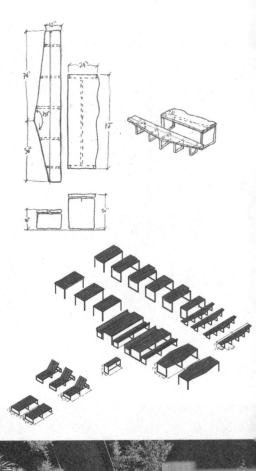

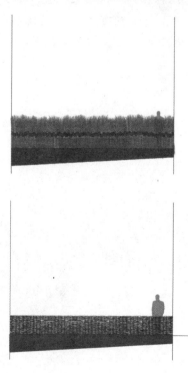

居民可以进入到屋顶,将屋顶变成一个公共空间。日光庭院的中央种有澳大利亚的普罗梯亚木和袋鼠爪,为居民的日光浴庭院带来异国情调和充满生机的环境。屋顶庭院设有共享的便利设施,供户外就餐时使用,包括定制设计的厨房和长桌,以及各种各样的多年生草本植物。户外就餐区被绿廊覆盖着,上面挂有小型LED灯,在夜晚犹如星空一般璀璨。就餐区的中央是一张可进行团体用餐的长桌,两边摆着教会式的长椅,还有一张分裂切割的用废弃红树木材制成的桌子。种满草本植物和城市农业植物的私用园地进一步增强了人们对户外厨房的体验,植物围绕着庭院的周界,并一直延伸到就餐区。

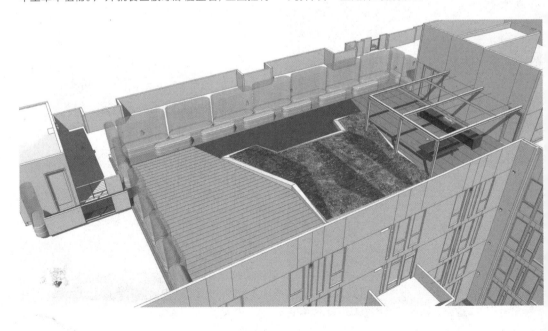

雨水花园

雨水花园

Blocs 77分契式公寓

■ 景观设计: Shma Company Limited

■ 地点: 泰国, 曼谷

■ 占地面积: 5244平方米

■ 摄影师: Wison Tungthanya

Blocs 77是一项经济适用的分契式公寓项目,位于曼谷其中一个最繁忙的城区,旁边是架空列车的高架轨道。项目的规划是一个5244平方米的公寓社区,包含了467间居住单元。项目委托人的要求是在首层打造一个娱乐空间并在第五层建造一个游泳池。

此项目的周围全是一些商铺住宅,还有大型购物中心和一条清澈的运河。在场地的前方,项目面对的是一条繁忙的街道,一整天都会出现交通堵塞状况。而场地的后方则是一条平静的运河,运河的对岸是一片古老的院落住宅。随着架空列车轨道沿线的房地产开发的上涨趋势,原有的低层房屋和商铺住宅都被改造成了高层公寓。根据泰国政府的规定,建筑的周围须设有6米宽的消防车通道,同时还要设有地面停车场,所有的这些都必须建在硬表面之上。为了遵照这些规定和要求,新建的公寓群不仅控制其整体的社区规模,还吸收了从建筑和周围硬面反射而来的热量和光亮,并将这些反射到周围的环境中去。

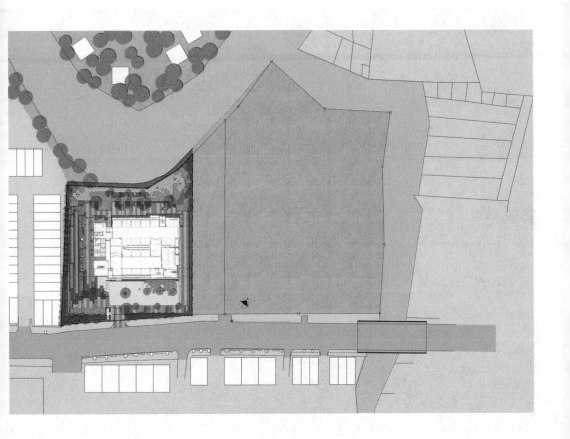

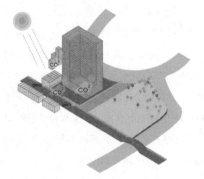

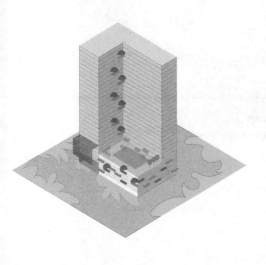

此项目还面临着其他的不利条件和约束，那就是雨季的洪水、区域内的高地下水位以及设备层有限的空间。为了应对这些不利条件，设计师致力于尽可能地绿化这片区域，把硬面反射而来的光和热的效应降到最低，在现有的地面上方种植植被以防止植物的根团直接接触地下水，同时形成下沉空间以控制洪水。

设计师用"树冠"的概念来代表自然，将整个社区水平而垂直地模仿成绿色自然空间，首层的花园含有宁静的水景立方装饰和波浪状的绿色方形斑点无缝地环绕着室外大厅，从建筑的前部一直延伸到后部。这种设计为居民和周围绿色空间之间创造了一条完整的联系。设计师与建筑师紧密合作，采用悬伸式的植树槽和空中花园，从底到顶镶嵌在建筑的主体结构上。

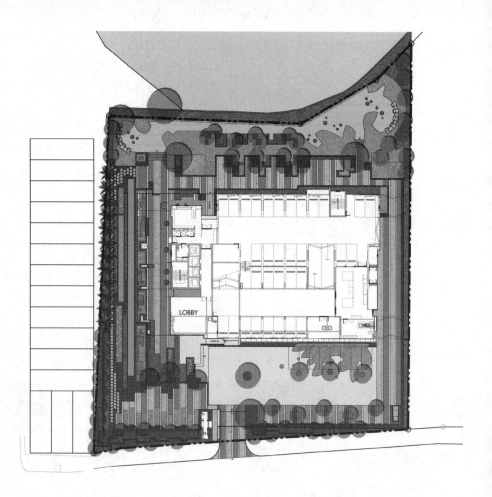

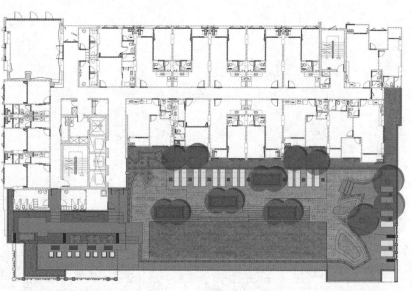

雨水花园

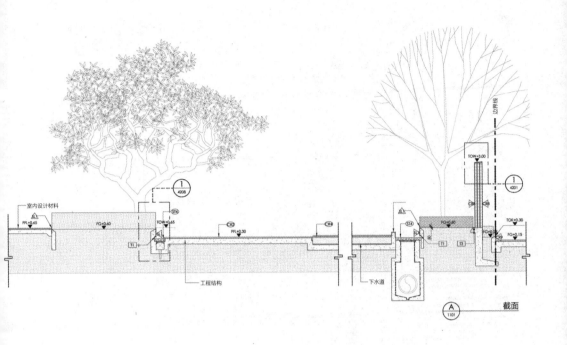

室内设计材料

FFL+0.65

FG+0.40

TOW+0.65

FFL+0.30

工程结构

下水道

TOW+3.00

TOK+0.30

FG+0.15

截面

A
1101

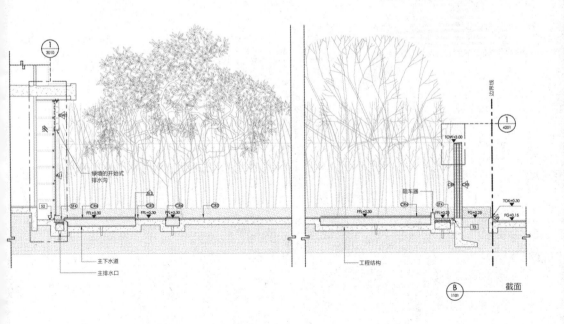

绿墙的开始式排水沟

主下水道

主排水口

FFL+0.30

工程结构

阻车器

TOW+3.00

TOK+0.30

FG+0.25

FG+0.15

截面

B
1101

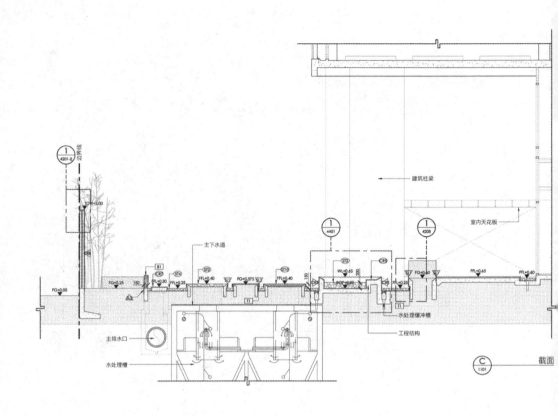

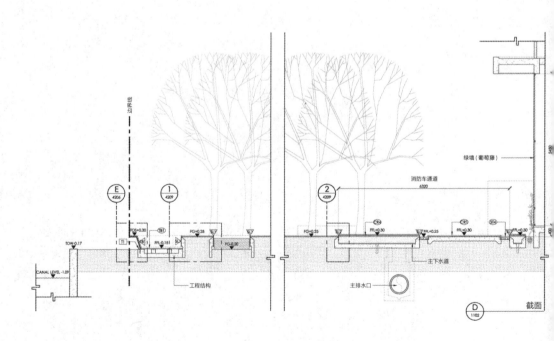

雨水花园

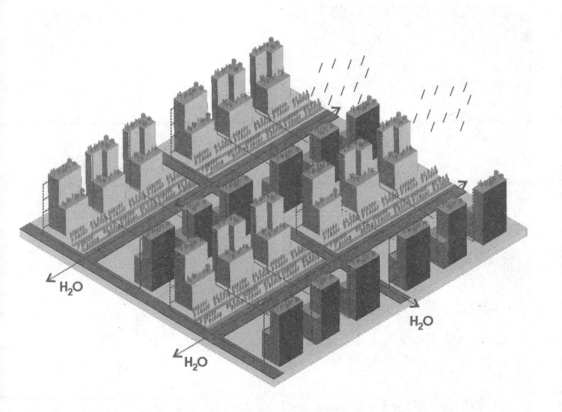

"布列塔尼皱纹" 公园

■ 项目设计: L'Anton & Associés

■ 地点: 法国, 圣埃尔布兰

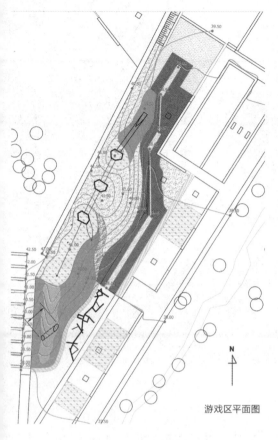

游戏区平面图

"布列塔尼皱纹"不仅仅是地质断层，还是一座长约1000米、高100米的巨大建筑，建于20世纪70年代，位于南斯郊外的圣埃尔布兰。当时，建筑的南面是一座6万平方米的公园，位于城市的边缘，因此布局方式有着自己的特点：堆填了从建筑地基挖掘出来的泥土、种植了一些树、建造了一两条小路、周围都是草坪，等等。这座平时没什么人来的公园也因此对生物多样性产生了空白甚至负面的影响，而它本来有潜力可以发挥正面作用。

在一个大型的城市修复操作框架中，此建筑将进行整修并对外开放，建立公园和城市间的对话。在修复项目的过程中，公共设施或被翻修或被移动，最终在公园南面建立了一个包含1000幢房屋的新街区。

市政当局希望筹集资金，尽快让公园项目动工，同时与当地居民进行深入协商，应他们所求建立环保设施。为了解决深入协商所需时间与尽快动工之间的矛盾，设计师提出先建设公园的初级结构，同时将一部分的预算和空间预留下来，以应对协商之后新增的改变和要求。

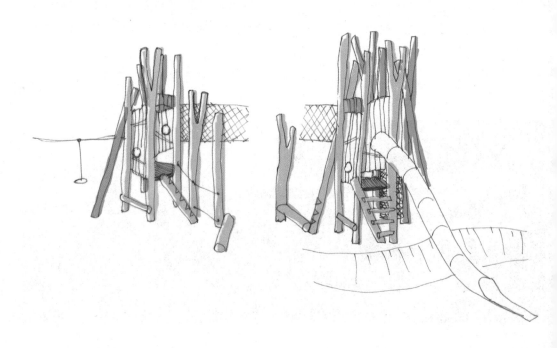

设计师还打算将具有可控入口的"复性"公园和南北走向的大型公共散步道之间的空间进行分层，扩展通向建筑的入口，同时在现有和拟建的设施之间组织新的流动循环。项目位于一座公园和一条散步道之间。这座公园为重新出现的生物多样性提供了绝佳的场所，而这条散步道则突出了沿着溪流的"校园小路"，溪流在经过水体的生物净化之后将会焕发新生。

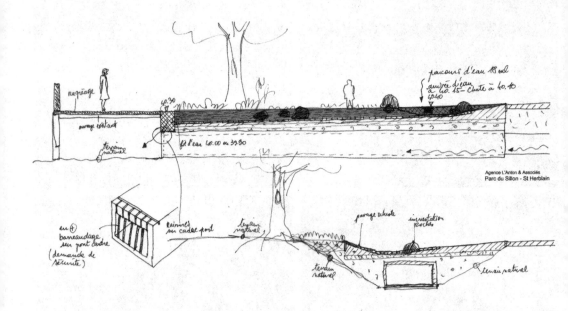

Agence L'Anton & Associés
Parc du Sillon - St Herblain

雨水花园

公园里还会建造几座家庭式花园。设计师将树木砍倒，使得木块不会太过密集，而这些木块会在原地进行切割成为木材，用于建造设备和设施。同时这些木材还会用于制造栅栏来围闭生物多样性保护区以及用于分配、社区蜂房以及水果榨汁机等的空间。

设计师们的使命包括协商的部分以及对项目管理的支持，因为这一操作形成了社区的绿色心脏，同时为所有城市修复提案提供了重新链接和连贯性的空间。

阿朗松大学校园

■ 项目设计: L ' Anton & Associés

■ 地点: 法国, 达米尼

阿朗松大学校园在各种私立、半公立和公立教育机构不断出现的情况下，正在按部就班逐渐建成。为了迎接4座新的大学设施，包括一间媒体中心和一间大学餐厅，奥恩部门委托了一项关于调整校园的研究。在1997—2012年间，设计师为该场地和城市及结构性描述起草了总体规划，并进行了外部空间的设计。换而言之这是一个持续15年的项目。

在这一过程中，设计师需要向用户进行密切咨询，因为用户的习惯将极大影响到可用空间的设计（车辆停放、各种材料的堆放、危险的扩张等）。草拟的总体规划从外围通路的起点开始对整个场地进行组织整理，外围通路围绕着建筑物，而这些建筑物则保护着整个校园。

通过促进不同学生人群的会面和交流，这一总体规划得以让这里重现一个更大的凝聚性，同时改善了社会空间的品质，并为整个场地创造了一个真正的中心。空间的多样性是显而易见的，并根据每个地方的特有结构，通过每一次简单重复的处理来划分层次。

改造前 改造后

改造前 改造后

改造前 改造后

雨水花园

城市入口

■ 项目设计: L ' Anton & Associés

■ 地点: 法国, 勒阿弗尔

重建丘吉尔和列宁格勒林荫大道的项目为勒阿弗尔带来了一项重要的挑战。这条超过2.5千米长的道路（过去的RN15）贯通了几乎整座城市的主要地点：口岸、南街区以及城中心。而今天，这条主干道的十字路口、立交桥，甚至一个接一个出现的立体交叉道下面布满了微型隧道。这条道路沿着城市的成熟片区延伸，这些片区改变了发展方向，并构造出城市区域（序列群、海洋和可持续发展城市、"沃邦"码头以及车站群）。

丘吉尔和列宁格勒林荫大道的横剖面是相对同质化的，前者的辅路从南往北，而后者的则相反方向从北往南。在林荫大道之间是一座1千米长、50米宽的安全岛，上面有3座加油站、荒废的停车场以及一些破旧的活动区。

设计师打算尽可能用已有的条件和材料对道路进行重建。在北面，辅路得到了完善和植物的再植，路面在行车部分降为双向4车道。

雨水花园

在南边的修复路面上建造了人行道和自行车道。交叉路口与道路保持水平，迷你隧道被开通，同时天桥和立交桥被拆除。

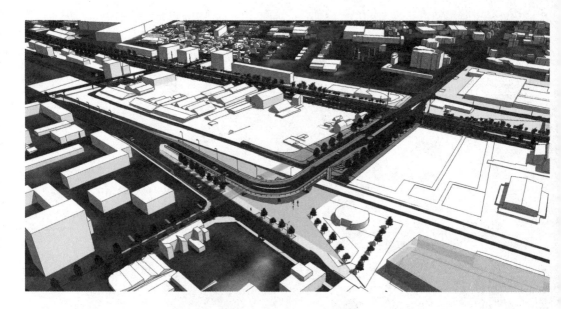

在加油站范围的新建步行道旁，设计师建造了一座30~50米宽的公园。这座公园有三个基本功能：增强在建的城市项目及通往市中心的道路；为勒阿弗尔南面的街区提供一块急需的近3万平方米的新绿地；生成雨水收集系统并过滤城市径流的初期冲刷。

设计师提议对道路功能进行简化，在出现交通事故的情况下让使用者通过在路网上进行线路比较从而减轻道路的"易损性"，同时充分利用其现有的主要特色。

勒阿弗尔是一座沿海城市，海滨气氛浓厚（遍布海港、沙滩等），但城市河流却比较匮乏。此项目旨在修复城市入口的河口环境，保护河流和海洋的交汇点、充满淤泥和盐分的淡盐水、杨柳、芦苇、海藻和海鸥。

水力原则平面图

雨水花园

Lahnaue框架规划方案

■ 景观设计：A24 Landschaft Landschaftsarchitektur GmbH

■ 占地面积：420000平方米

■ 地点：德国，吉森

■ 摄影师：Hanns Joosten

雨水花园

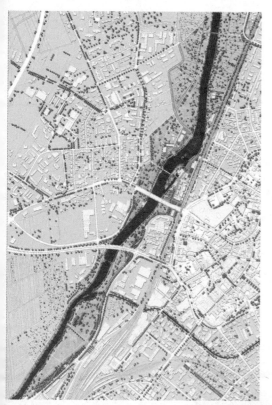

吉森的大学城修复了拉恩河，挖掘了它长久以来被忽视的发展潜力：有草坪的中央河岸以及邻近的城市区。

2011年制订的框架规划方案将把拉恩河岸发展成一个完全新式的多元化的内城游乐区。项目会按阶段进行，直到各种各样的空间变成可用空间。

这条河流在很长的一段时间里被认为用作是单纯的功能域。1849年，河流沿岸建造了铁路以及高路堤，让任何一个内城区都能到达拉恩河。因此，河流的草地现在成为内城的外围区，还包括许多不能进入的区域，其中的一些展示出高利用率，而其他的只能小规模地利用或是成为广阔的停车场。只有像这种欧洲范围内的城市连接河流的范例，才能使吉森市的潜能被充分认可。

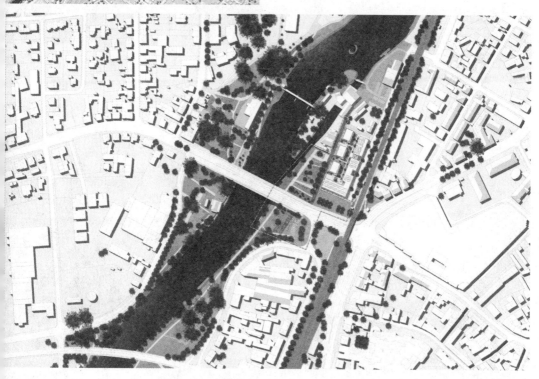

Lahnaue长期的框架规划方案包括整个内城流域，但要在把拉恩河与城市连接起来的整体理念下进行。这个规划设想了6个片区：这些片区从北面开放和广阔的草地公园，经由内城和其周围更加密集的城市化区域，延伸到南面现有的河岸草地中去。在拉恩河的两岸沿线建造了一条新的连续性通道，连接了这些分区。

这个规划也包括移走河岸沿线的停车区、开放区域以及复兴和扩大现有的公园。这个想法用来建立分区之间的联系，建造公共广场以及扩展到达拉恩河跨区域的自行车路线。重要的是这个概念让河流沿线的私人区域用于公众使用，同时针对河流景观的长期保护启动了复原程序和措施。

雨水花园

吉森市借助人们在2014年国家园林展中被唤起的公共利益意识，完成了这个框架规划方案的前两个项目。

第一个项目是一个新建的城市入口，位于框架规划方案的中央城市区域。入口"By the Mills"包括一个代表性的广场、一条林荫道、一个精致的米尔花园以及各种各样的水景。在广场的对面是大型的草坪运动场，由以前的停车场改造而成。这个运动场让各个年龄段的孩子们在4个不同的游乐区里游玩。这些也参考了河流主题，仿效了草地景观的典型元素。

雨水花园

雨水花园

雨水花园

第二个完成的项目是一座新建的人行和自行车桥，位于城市的北面。它现在是吉森市3座跨河桥中的一座，极大地提高了城市的基础设施水平。位于桥附近的新开发的公共空间使人们能够到达河北岸的拉恩。这些是框架规划方案中所设想的草地公园的第一批元素。

随着框架规划方案中其他目标的逐步实现，吉森市将获得新的城市空间发展方向，在它的引导下将建造出一个新的内城娱乐休闲区域。

布罗德沃特公园

■ 项目设计: AECOM Design and Planning

■ 地点: 澳大利亚, 绍斯波特

■ 摄影师: Richard Pearce, Scott Burrows及Shane Hastings

总体规划

布罗德沃特公园位于昆士兰黄金海岸的绍斯波特前滩上。这座公园为世界级的城市设计设立了新标准。

作为黄金海岸城和昆士兰政府之间价值6000万美元的合作项目，公园经历了梦幻般的转化，创造了接近3千米的独特城市空间和质朴的滨水公共区。

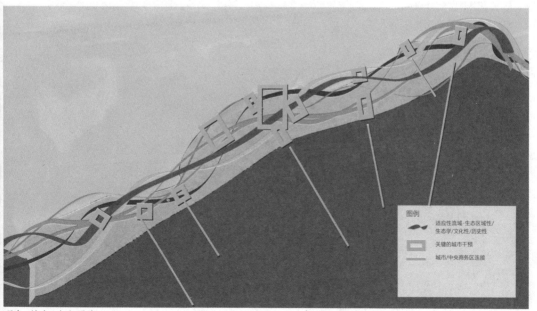

图例

～ 适应性流域·生态区域性/
　生态学/文化性/历史性
▢ 关键的城市干预
▭ 城市/中央商务区连接

理念：城市+生态覆盖

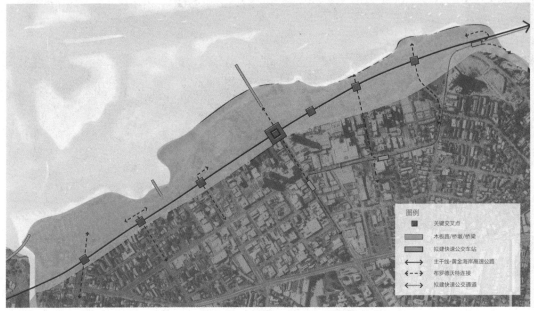

连通性

布罗德沃特公园的所在地曾经是一块未被利用的荒地，现在则举办了许多大型的体育和文化活动。公园里包括一处被称为新安扎克公园的中央社区展示馆、一座新的公共码头以及一块被称为"岩池艺术之国"的水上游乐场。

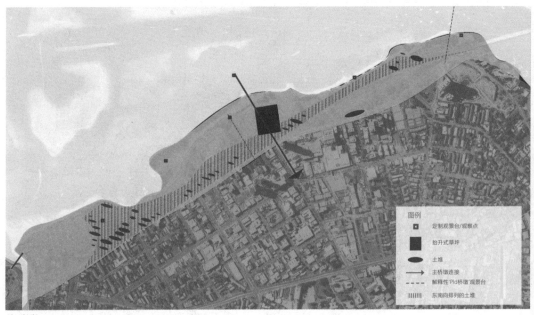

地形图

雨水花园

图例

- 线性连接/观景走廊
- 活动空间的集中体现了活泼的情绪
- 开放空间体现了无拘无束的情绪
- 密集的植被体现了亲密的情绪

受情绪影响的空间

图例

- 人工湿地
- 海草(位移)
- 红树林
- 沿海气候带
- 生态区域性森林
- 无花果树大道
- 开放空间
- 供采伐的森林
- 松树

植物分布

雨水花园

布罗德沃特公园不仅仅是一个社区公园，还反映出黄金海岸为环境保护所作出的努力，以及其世界领先的可持续性设计。绍斯波特前滩众多的环保举措包括城市湿地和水处理系统，用于收集和过滤绍斯波特市中心的雨水径流，之后才排入到布罗德沃特。公园的管理处排有266块光伏板，为整个辖区集成足够的电量。

雨水花园

迪肯大学中央脊柱

- 景观设计: Rush Wright Landscape Architecture

- 占地面积: 10000平方米

- 地点: 澳大利亚, 伯伍德

雨水花园

此项目重建了位于伯伍德的迪肯大学的中部区域，原有的校园脊柱被缩窄，并铺上了6种色调的花岗岩。

空间里一个不对称的横切面，延展成一个双边的结构：一边是两列新种植的庭荫树，树下是定制的座椅；另一边是一排引人注目的12米高灯柱，上面装有LED显示板。集成的杆顶太阳能板为输电网络提供电源，6米宽的通道两旁设有后置带，形成合理的流通动线，并为频繁举办的各种活动设置了有华盖的区域。

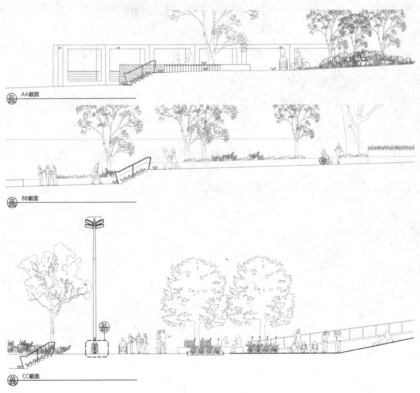

01 AA截面
200

02 BB截面
200

03 CC截面
200

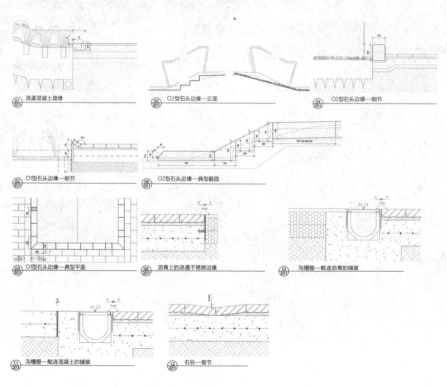

浇灌混凝土路缘

O2型石头边缘—正面

O2型石头边缘—细节

O1型石头边缘—细节

O2型石头边缘—典型截面

O1型石头边缘—典型平面

沥青上的浇灌不锈钢边缘

沟槽栅—毗连沥青的铺装

沟槽栅—毗连混凝土的铺装

石谷—细节

雨水花园

雨水花园

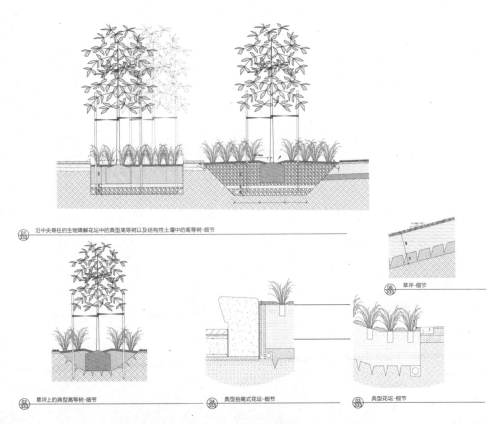

沿中央脊柱的生物降解花坛中的典型高等树以及结构性土壤中的高等树-细节

草坪-细节

草坪上的典型高等树-细节

典型抬高式花坛-细节

典型花坛-细节

① 现有的水景细节：平面图
305

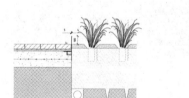

② 抬高式不锈钢花圈边缘-细节
305

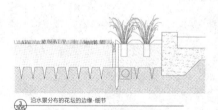

③ 沿水景分布的花坛的边缘-细节
305

④ 木材边缘平面
305

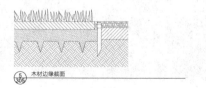

⑤ 木材边缘截面
305

一大片广阔的旱地花园里种植着各种植物，与校园里广阔而潮湿的绿草坪形成鲜明对比，在该区域形成三种全新的不同的景观特点。

原有的水景被保留下来，当作新景观"绿"面的中心部分，紧挨着水景边缘的地方长满了青草，使得草坪和水面形成一个景观整体。

动感花园

- 景观设计: MADE associate

- 地点: 意大利, 特雷维索

- 摄影师: MADE associati Archive

这座小花园（约800平方米的两个区域）的设计方案，响应了该区域建设简易车棚和储藏室的需求，也重新布置了房屋两个相邻区域的草坪，这座房屋的存在可以追溯到18世纪早期。

花园空间通过简单的线条进行重新排序：大面积的白色正方形将草坪划分成意大利风格的园林设计；材质线界定了车棚和储藏室的空间，穿过铺砌面轴线一直连接到房子。

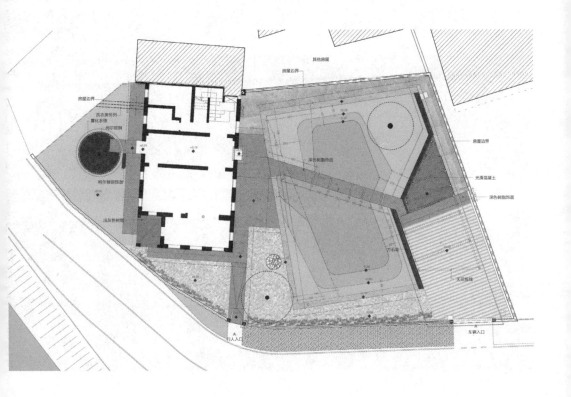

雨水花园

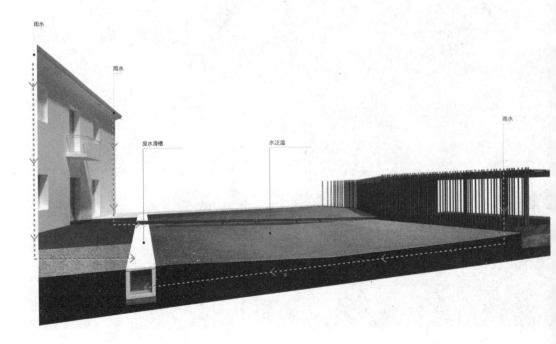

雨水　　雨水

废水滑槽　　水泛滥　　雨水

关于车库的建设，当地政府有关水管设施的建筑规程规定，必须在车库里嵌入一个约20立方米的水槽。水槽作为花园构造的一个元素，其存在避免了水泥结构设施的建造，相反，还能在因暴雨而发生水量过剩的时候增加土地的容纳和承载能力。

因此，白线显示了对应的地下排水沟的排布和走向，当排水沟装满水之后，这些白线可以引导多出来的水流经花园的草坪向外排出。连接着车库和房子的小路上面的铺路板突出到地面上，有厚有薄，很明显能看出地面上的坑洼。

土地的立体感形成了中央草坪的储水空间，相当于当地政府所规定的水槽。白色引水管道的管壁割出两条裂纹，上面涂有耐腐蚀钢，在发生水灾时可以让水分渗透进去。

水空间

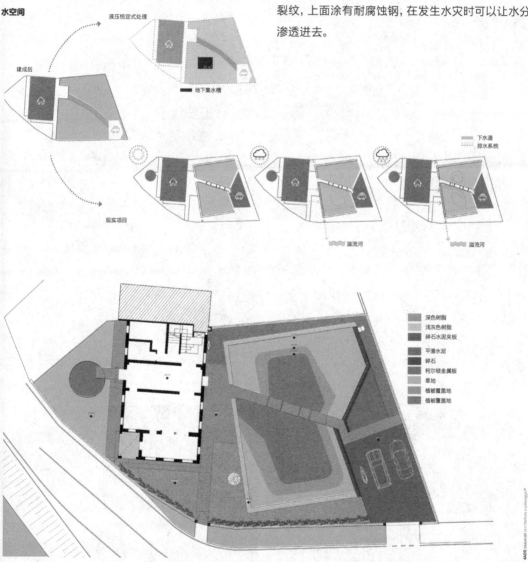

车棚和储藏室的区域与花园是分离的，一系列的金属刀状物以不同的角度嵌插到中间的地面，每当刮风的时候，刀锋便会轻微地水平抖动。

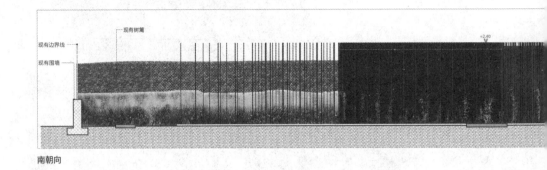

现有树篱

现有边界线

现有围墙

+2.40

南朝向

3厘米×3厘米木条覆盖层
通风设备上的3厘米×3厘米木条覆盖层
防水薄层
2厘米+2厘米双层交叉面板
10厘米×10厘米镀锌浸渍管
2厘米闭合OSB面板
镀锌绝缘部件
充满碎石的混凝土烤架
长满草的混凝土烤架
沙质底土
现有边界线
现有围墙

10厘米×10厘米镀锌浸渍管
10厘米×1厘米×240厘米镀锌浸渍金属薄片
装满方石堆的金属槽

A-A' 截面

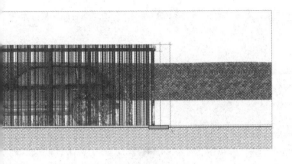

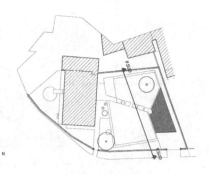

N

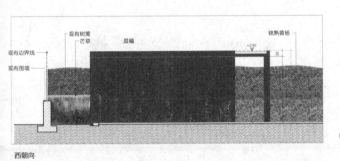

现有边界线
现有围墙
现有树篱
芒草
晨曦
锦熟黄杨
+2.40

西朝向

N

雨水花园

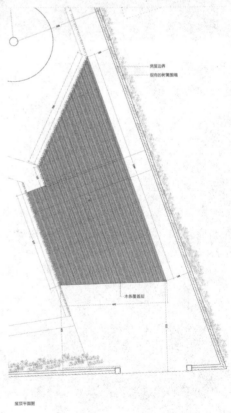

花园的东边是一座连接着厨房的小一点的花园，这座花园里有一张圆形的织网状的桌子，还有一个用于户外午餐的藤架凉亭。另一个圆形的皇冠状装置上面的是灯，还有能将周围区域的空气变清新的喷雾剂。

里氏果园

■ 建筑设计: Architects Collective

■ 地点: 奥地利, 维也纳

■ 占地面积: 3500平方米

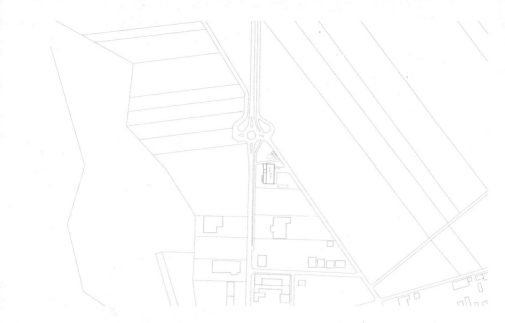

里氏果园新生产的设施包括一个大的棚屋冷藏库和一个水果店，旁边有一大片空间。果园的装配式结构在四个月内制成，水果店和毗邻空间的建造遵照"被动房屋"的标准，并作为自立式的预制墙壁和屋顶元素。棚屋由木框架结构制成，采用的是预制的绝缘隔热的木制箱形框架，因而不会受热。整座楼的表面由OSB板组成，并用涂上棕色和绿色漆。两扇5米×6米的滑动门将该建筑由封闭的木盒子式结构转变为一座复合的建筑结构，可以看到该建筑的内部和商店。这种设计使人想起街市里的档位，其灵感来自这栋建筑首批客户的想法。

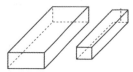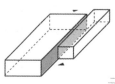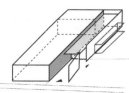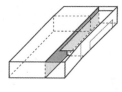

雨水花园

建筑规划、施工与养护的环境和可持续方面对于业主Vera和Albert Leeb而言尤为重要。建筑的结构大体上使用可再生、循环利用以及升级回收的材料作为家具。水果店面向大街，装有西南向的连续全景窗户，上面是三层式嵌板玻璃。水果店表面是几块巨大的折叠铝合金框架，上面覆盖有旧的广告横幅，以保护内部不被夏天的烈日暴晒。

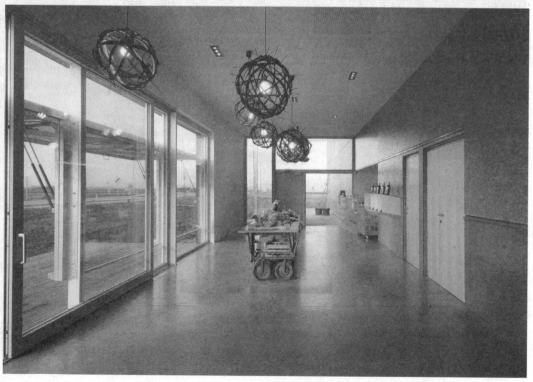

太平洋坎纳公寓

■ 景观设计: Miller Company Landscape Architects

■ 地点: 美国，加利福尼亚州，奥克兰

■ 占地面积: 10925平方米

雨水花园

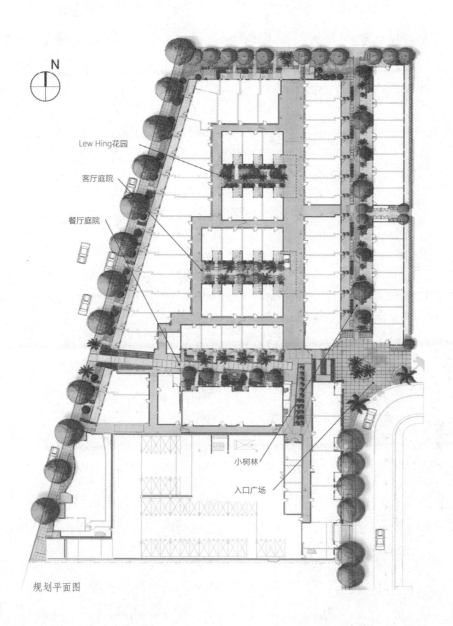

Lew Hing花园

客厅庭院

餐厅庭院

小树林

入口广场

规划平面图

太平洋坎纳公寓建于一块约11000平方米的地块上，位于奥克兰最西部的一个街区内。该项目以适应性再利用为特色，将这座建自1919年的历史悠久的罐头工厂建筑改造成新的住宅社区。项目的场地设计包括三个内部花园庭院：餐厅庭院、客厅庭院和Lew Hing花园（以太平洋罐头公司的创立者命名。Hing是美国首批华裔实业家之一。）原罐头工厂屋顶的一部分由于新庭园的采光需要而被移除，室外线性小树林位于原罐头厂建筑和新建的冷却棚联排别墅之间。

雨水花园

餐厅庭院里有一套集雨系统，引导着雨水从屋顶流向升起的混凝土水槽，水槽里面设有内置的座箱。雨水接着进入渗透"河"，沿着可回收玻璃排列着，毗邻主通道。庭院里有一张大型公共餐桌，让居民能够聚在一起共享美食。

雨水花园

客厅庭院设有中置的混凝土人行道和一张矮桌，鼓励居民聚会和社交。山茱萸、木曼陀罗和杜鹃花营造出苍翠繁茂的树荫，而金色的箱根草让这些更加突出。

Lew Hing花园作为最小的花园，是一个被鸡爪枫、山茶花和珊瑚钟所包围的亲密空间，里面设有红杉木板路。粗削的石灰岩块点缀着韵律，与棕榈细长的树干相互辉映。

设计公司收纳了罐头工厂的废弃机器以及其他一些遗留物进入到项目中，重现了该工厂历经世纪的运作历史。3米高的铸铁轮曾经是工厂制冰机的一个部件，现在变成了西入口处的一座工业雕塑。

伍斯特蜂巢图书馆景观

■ 项目设计: Grant Associates

■ 地点: 英国, 伍斯特

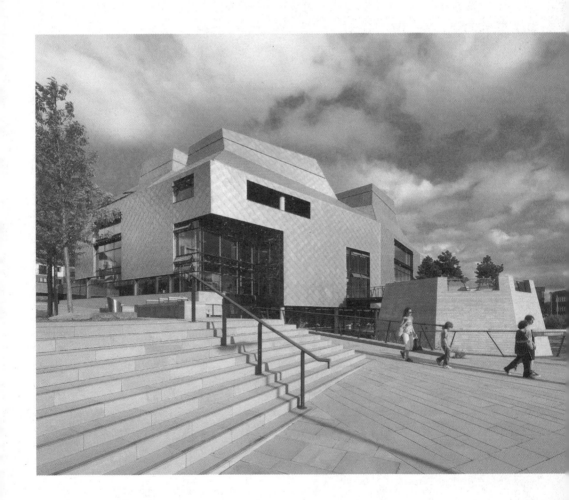

雨水花园

英国的景观事务所Grant Associates设计的伍斯特蜂巢图书馆可持续发展景观刚刚竣工。伍斯特蜂巢图书馆是欧洲第一联合大学公共图书馆,也是伍斯特大学城学术、教育和学习中心。新景观在反映当地历史和本土性的同时,展现出可持续发展与技术创新的面貌,新景观不光为图书馆提供了一个高品质的景观环境,还将成为当地令人难忘的景点。

Grant Associates的景观设计纲要是创造一个高质量的景观环境,并使之成为一处与众不同和令人激动的旅游景区——在突出历史感和地方特色的同时,让人反思可持续性和技术创新等的当代主题。景观叙事基于当地的塞文河、摩尔纹山脉,以当地风景为灵感讲述希望与荣耀,展现景观序列。

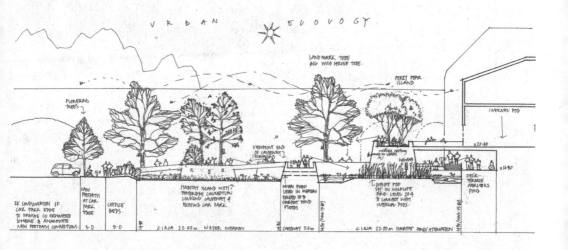

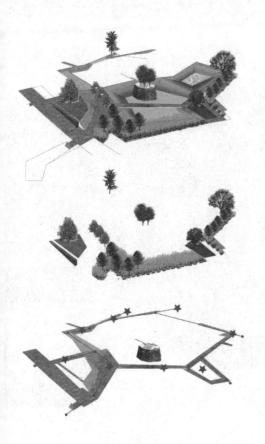

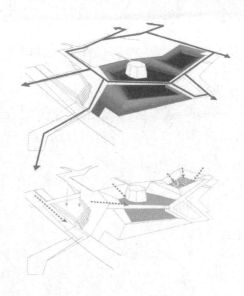

20000平方米的占地中布置了两个盆地，盆地中隆起系列岛屿，潮湿的草甸和水湾蜿蜒其间。Grant Associates景观公司的董事Peter Chmiel说希望这个位于历史中心，包含城市雨水花园、本土物种，拥有材料和物种多样性，生态丰富性的景观，能够成为领先的可持续性设计典范。

　　　　　　　　　　　　　　　　　　　　　　　　　　　　　　雨水花园

意大利维科瓦罗公园

■ 项目设计: Luca Peralta Studio

■ 地点: 意大利, 罗马, 维科瓦罗

■ 摄影师: Alessandra Centroni, Luca Peralta

雨水花园

本案是一项名为"历史中心的修复"计划的一部分，计划经拉齐奥大区批准。如今拉齐奥大区正着力于维科瓦罗和阿涅内河谷间古城景观的修复和改善，这个复兴和再利用的过程由当地社区和休闲游客所完成。

因其对于中世纪意大利乡村周边破旧地区的设计示范作用，这项已完成的项目最近被授予了"2012欧洲理事会景观奖"优秀奖。公园的边缘实际上是外围的、未经太多人工打造的边界，施工也因此受限于变质的地质幕。"城市机器"并没有给予边缘应得的尊严，但设计师相信这些地方有巨大的潜力能在城镇本身的记忆和特性的基础上，成功变成集休闲、创造、冥想、休息、寂静、沉思和反思于一身的区域。这些功能在较小的历史城区中并不容易实现，因为这些地方通常内在和外在都比较拥挤和密集，并没有足够的空间来扩散当代生活方式的生命机能。通过将边缘地转化成让每个人可到达和可使用的空间，此项目毋庸置疑地对这些区域而言是可持续发展的模式。对于如何增强一个地方特性的意象和美学品质而言，该项目是一个典范，通过周围的自然景观和人工环境之间的视觉关系，连同山谷和维科瓦罗城周边的遗迹共同打造。

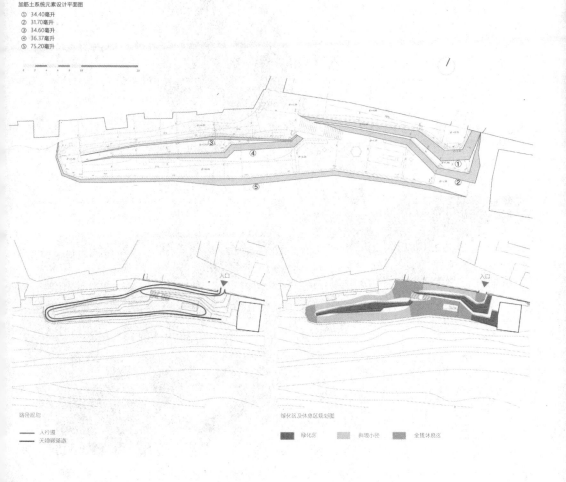

加筋土系统元素设计平面图
① 34.40毫升
② 31.70毫升
③ 34.60毫升
④ 36.37毫升
⑤ 75.20毫升

路径规划

—— 人行道
—— 无障碍通道

绿化区及休息区规划图

■ 绿化区　■ 斜坡小径　■ 全景休息区

雨水花园

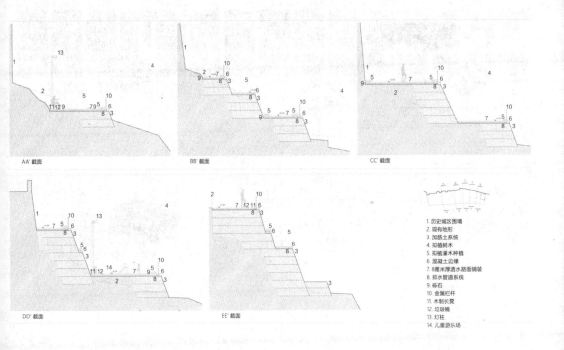

AA' 截面

BB' 截面

CC' 截面

DD' 截面

EE' 截面

1. 历史城区围墙
2. 现有地形
3. 加筋土系统
4. 拟植树木
5. 拟植灌木种植
6. 混凝土边缘
7. 8厘米厚透水路面铺装
8. 排水管道系统
9. 砾石
10. 金属栏杆
11. 木制长凳
12. 垃圾桶
13. 灯柱
14. 儿童游乐场

通过使用可持续材料和技术，崭新的人行道和公共空间建筑必定是独特而和谐的景观。每一项设计元素都如地面斜坡的自然延伸，从不以生硬地分隔两种景观的元素而出现，让人们觉得一种更都市风而另一种更自然风，相反这些元素都变成了一种和谐而丝毫没有突兀感的接缝。本项目中，这种建筑和自然之间的链接表现得非常明显。铺有石路、设有花坛的露台尽可能顺着现有斜坡和地势而建。新建的墙沿用与现有的古石墙相同的材料、形式、尺寸和纹理进行建造。小路被铺设在沙床上，是由透水性材料建造而成的人行道。供游客上下坡时手扶用的栏杆用不锈钢索制成，之所以故意这么做，是为了给游客一个更好的透明度和开阔度来欣赏下层的景色。

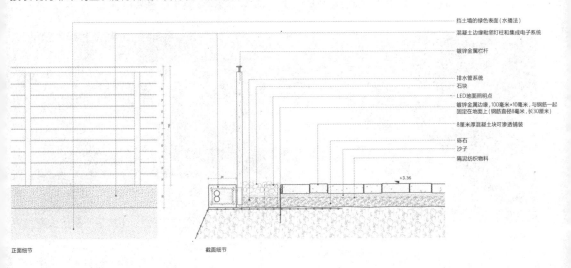

挡土墙的绿色表面（水播法）
混凝土边缘毗邻灯柱和集成电子系统
镀锌金属栏杆
排水管系统
石块
LED地面照明点
镀锌金属边缘，100毫米×10毫米，与钢筋一起固定在地面上（钢筋直径8毫米，长30厘米）
8厘米厚混凝土块可渗透铺装
砾石
沙子
隔泥纺织物料

+3.36

正面细节

截面细节

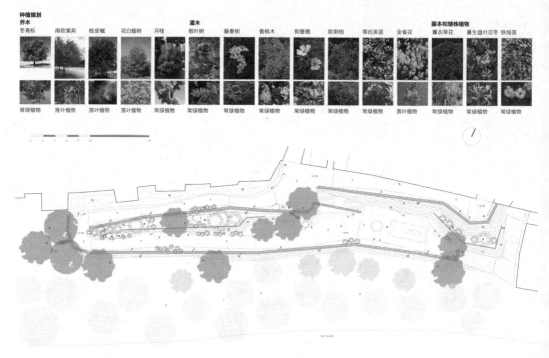

种植规划

乔木

冬青栎	南欧紫荆	栓皮槭	花白蜡树	月桂	灌木 假叶树	藤春树	香桃木	狗蔷薇	欧刺柏	蒂氏荚莲	金雀花	藤本和矮株植物 薰衣草花	蔓生盘叶忍冬	铁线莲
常绿植物	落叶植物	落叶植物	落叶植物	常绿植物	常绿植物	常绿植物	常绿植物	常绿植物	常绿植物	常绿植物	落叶植物	常绿植物	常绿植物	常绿植物

本项目为了现有石挡土墙的修复和新的生态挡土墙的建设作准备，生态挡土墙采用了加筋土（如"地面网"）。用加筋土制成的部件是固定零件和路堤，通过利用加固网眼来抵抗牵引力，路堤改变了镶嵌于自身之中的回填料的内部特性。这种系统巨大的灵活性甚至允许其用在不稳定的地表上，原因是它能够适应激烈的不均匀沉降。除了执行时的简易度和速度、景观兼容性以及可持续材料的使用之外，这套系统本身就是钢筋混凝土挡土墙的卓越替换物，因

为其提升了泥土和人行道的自然排水作用，当然还有雨水。尽管人行道有助于这种排水系统，利用其不同尺寸的块排成横条纹，同时平铺在一片没有固定链接的沙基上。

公园里所有植物，包括葡萄藤、灌木和乔木，都是从那些具有独特美学风格的植物中挑选出来，目的在于改进经过设计的道路以及全景，同时适应当地条件，不需要进行频繁的维护和灌溉。

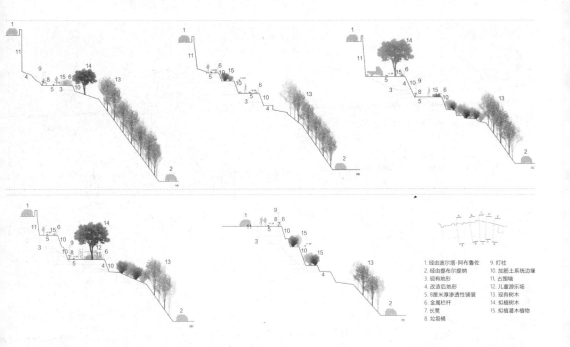

1. 经由波尔塔-阿布鲁佐　　9. 灯柱
2. 经由提布尔提纳　　　10. 加筋土系统边缘
3. 现有地形　　　　　11. 古围墙
4. 改造后地形　　　　12. 儿童游乐场
5. 8厘米厚渗透性铺装　13. 现有树木
6. 金属栏杆　　　　　14. 拟植树木
7. 长凳　　　　　　　15. 拟植灌木植物
8. 垃圾桶

图书在版编目（CIP）数据

雨水花园 /（美）德里克·戈德温主编 ；凤凰空间
译. —— 南京 ：江苏凤凰科学技术出版社，2017.7
ISBN 978-7-5537-8239-3

Ⅰ. ①雨… Ⅱ. ①德… ②凤… Ⅲ. ①城市景观—景
观设计 Ⅳ. ①TU-856

中国版本图书馆CIP数据核字(2017)第114443号

雨水花园

主　　　编	[美]德里克·戈德温
译　　　者	凤凰空间
项 目 策 划	凤凰空间/官振平　罗瑞萍
责 任 编 辑	刘屹立　赵　研
特 约 编 辑	官振平

出 版 发 行	江苏凤凰科学技术出版社
出版社地址	南京市湖南路1号A楼，邮编：210009
出版社网址	http：//www.pspress.cn
总 　经 　销	天津凤凰空间文化传媒有限公司
总经销网址	http：//www.ifengspace.cn
印　　　刷	上海利丰雅高印刷有限公司

开　　　本	710 mm×1 000 mm　1/16
印　　　张	10.5
字　　　数	117 600
版　　　次	2017年7月第1版
印　　　次	2024年4月第2次印刷

标 准 书 号	ISBN 978-7-5537-8239-3
定　　　价	180.00元

图书如有印装质量问题，可随时向销售部调换（电话：022-87893668）。